AF263192

T<sub>c</sub> 49 38

# RAPPORT

DU

## CONSEIL DE SALUBRITÉ PUBLIQUE

DU DÉPARTEMENT DU BAS-RHIN

## A M. LE PRÉFET,

## SUR LES VACCINATIONS OPÉRÉES EN 1839,

PAR LES MÉDECINS CANTONAUX DU DÉPARTEMENT.

## STRASBOURG,

IMPRIMERIE DE G. SILBERMANN, PLACE SAINT-THOMAS, 3.

1840.

# RAPPORT



SUR

## LES VACCINATIONS DE 1839[1].

MONSIEUR LE PRÉFET,

Le relevé des vaccinations pratiquées en 1859 par les médecins cantonaux du département du Bas-Rhin fournit les résultats suivants :

En classant les cantons d'après le nombre relatif des vaccinations, ils se trouveront rangés ainsi qu'il suit :

|  | Enfants à vacciner[2]. | Vaccinations opérées. |
|---|---|---|
| 1. Benfeld. . . . . . . . . | 503 | 695 |
| 2. Truchtersheim. . . . . | 431[3] | 598 |
| 3. Molsheim. . . . . . . . | 795 | 1009 |

[1] Ce rapport a été lu au conseil de salubrité publique le 31 octobre 1840 et approuvé par ce conseil.

[2] Nous appelons ainsi les enfants nés dans un canton et qui ont dépassé l'âge de trois mois.

[3] Ce chiffre n'est que la moyenne de quelques années; le chiffre réel de 1839 n'est pas indiqué sur les tableaux.

4

|  | Enfants à vacciner. | Vaccinations opérées. |
|---|---|---|
| 4. Saar-Union | 497 | 596 |
| 5. Schiltigheim | 567 | 663 |
| 6. La Petite-Pierre | 409 | 481 |
| 7. Rosheim | 538 | 611 |
| 8. Villé | 685 | 749 |
| 9. Barr. | 591 | 637 |
| 10. Geispolsheim. | 445 | 471 |
| 11. Bouxwiller | 507 | 520 |
| 12. Sélestat | 565 | 558 |
| 13. Lauterbourg | 309 | 305 |
| 14. Wœrth | 383 | 376 |
| 15. Soultz-sous-Forêts | 613 | 583 |
| 16. Obernai. | 429 | 403 |
| 17. Marckolsheim | 649 | 600 |
| 18. Wasselonne | 537 | 486 |
| 19. Niederbronn | 729 | 653 |
| 20. Wissembourg | 517 | 454 |
| 21. Erstein | 337 | 273 |
| 22. Bischwiller | 900 | 761 |
| 23. Brumath | 735 | 620 |
| 24. Haguenau | 713 | 576 |
| 25. Saverne | 513 | 380 |
| 26. Seltz. | 609 | 318 |
| 27. Marmoutier | 447 | 187 |
| 28. Hochfelden [1] | | 226 |
| 29. Drulingen [1] | | 212 |
| 30. Strasbourg | 1882 | 1095 |

Le nombre total des vaccinations pratiquées par les médecins cantonaux en 1859 a donc été de 16,204. Si l'on additionne les chiffres des vingt-sept premiers cantons, les

[1] Le nombre des enfants à vacciner n'est pas indiqué, pour les deux cantons, par les états qu'on m'a remis.

seuls sur lesquels les données soient complètes, puisque nous ne connaissons pas le nombre d'enfants à vacciner dans les cantons de Hochfelden et de Drulingen, et qu'à Strasbourg le nombre des vaccinations est inconnu, car tous les médecins praticiens y vaccinent, on trouve 14,628 vaccinations sur 14,955 enfants à vacciner. Ce résultat est peu satisfaisant, comparé surtout à celui de l'année 1858 où le chiffre des vaccinations a dépassé celui des enfants à vacciner. Sans doute il n'est pas toujours facile de vacciner tous les enfants d'un canton; quelques-uns peuvent se soustraire à l'attention du médecin, ou ne sont pas vaccinés par lui pour cause de maladie. Mais lorsque ce nombre est considérable, il doit dépendre de circonstances qu'il est de l'intérêt général de faire disparaître. Il y a alors ou mauvaise volonté de la part des habitants, ou manque d'énergie de la part des maires; quelquefois une maladie du médecin cantonal, d'autres fois la vacance de la place empêchent les vaccinations; dans certains cas il y a négligence de la part des médecins cantonaux. Les premières de ces causes devraient être signalées par les médecins dans le rapport annuel qu'il faudrait exiger d'eux, mais que la plupart se dispensent de faire. Pendant la maladie d'un médecin cantonal ou la vacance d'une place, un autre médecin du canton ou même d'un canton voisin pourrait être chargé de la suppléance. Dans le cas de négligence de la part du médecin cantonal, l'administration ferait bien d'avertir celui-ci, et, s'il n'en tient compte, de le remplacer; car il ne faut pas que les populations soient sacrifiées à l'incurie de quelques individus.

Si tous les médecins cantonaux étaient tenus d'indiquer dans un rapport fourni dans les premiers mois de l'année ou sur les états de vaccinations, les causes qui les ont empêchés de vacciner tous les enfants qui étaient en âge de subir cette opération durant l'année qui vient de s'écouler, nous ne serions pas à nous demander pourquoi, par exemple, en 1839 le médecin de Marmoutier a vacciné deux cent soixante enfants de moins qu'il n'y en avait à vacciner, tandis qu'en 1838 il avait montré beaucoup de zèle. Nous saurions aussi pourquoi dans les cantons de Seltz, Niederbronn [1] et Haguenau, il reste chaque année tant d'enfants à vacciner; pourquoi à Bischwiller il y a depuis 1835 alternativement une année où les vaccinations atteignent presque le chiffre des enfants à vacciner et une autre où il reste beaucoup au-dessous.

Le conseil de salubrité croit qu'il est d'autant plus nécessaire de surveiller la pratique des vaccinations, que la variole se montre chaque année sur quelque point du département et qu'elle affecte presque constamment le plus grand nombre d'individus dans les cantons où les vaccinations sont le moins complètes.

Pour la désignation des médecins cantonaux qui, dans chaque arrondissement méritent les prix de vaccine que vous leur décernez, Monsieur le Préfet, le conseil de salubrité a décidé depuis quelques années que les deux médecins de chaque arrondissement qui pendant les quatre dernières années auraient pratiqué le plus grand nombre de vaccinations, relativement au nombre d'enfants à vacciner dans leur canton, seraient considérés comme les plus méritants.

Le tableau suivant indique le nombre des vaccinations

---

[1] Les vaccinations ont augmenté dans ce canton en 1839.

et des enfants à vacciner pendant les années 1856 à 1859,
et l'ordre dans lequel les cantons doivent être rangés :

|  | Enfants à vacciner. | Vaccinations opérées. |
|---|---|---|
| 1. Villé . . . . . . . . . . . . | 2625 | 3447 |
| 2. Benfeld. . . : . . . . . . . | 2052 | 2663 |
| 3. Schiltigheim . . . . . . | 2147 | 2679 |
| 4. Drulingen . . . . . . . . | 1779 | 2046 |
| 5. Rosheim . . . . . . . . . | 2111 | 2208 |
| 6. La Petite-Pierre. . . . . | 1817 | 1899 |
| 7. Barr . . . . . . . . . . . | 2433 | 2537 |
| 8. Saar-Union . . . . . . . | 1839 | 1903 |
| 9. Bouxwiller . . . . . . . | 2038 | 2075 |
| 10. Wœrth. . . . . . . . . . | 1596 | 1578 |
| 11. Marckolsheim . . . . . . | 2584 | 2543 |
| 12. Lauterbourg. . . . . . . | 1188 | 1164 |
| 13. Molsheim . . . . . . . . | 2985 | 2907 |
| 14. Obernai. . . . . . . . . | 1718 | 1660 |
| 15. Geispolsheim . . . . . . | 1821 | 1754 |
| 16. Soultz-sous-Forêts . . . | 2475 | 2340 |
| 17. Saverne . . . , . . . . . | 1994 | 1873 |
| 18. Brumath . . . . . . . . . | 2892 | 2709 |
| 19. Sélestat . . . . . . . . . | 2337 | 2149 |
| 20. Erstein. . . . . . . . . . | 1439 | 1334 |
| 21. Bischwiller . . . . . . . | 3589 | 3246 |
| 22. Wissembourg . . . . . . | 2034 | 1793 |
| 23. Hochfelden . . . . . . . | 2334 | 1984 |
| 24. Wasselonne. . . . . . . | 2339 | 1950 |
| 25. Truchtersheim . . . . . | 1800 | 1473 |
| 26. Niederbronn. . . . . . . | 2837 | 2187 |
| 27. Marmoutier . . . . . . . | 1567 | 1174 |
| 28. Haguenau . . . . . . . . | 2981 | 2330 |
| 29. Seltz . . . . . . . . . . . | 2460 | 1790 |
| 30. Strasbourg. . . . . . . . | 7109 | 4583 |

En conséquence de ce tableau, le conseil de salubrité

vous propose, Monsieur le Préfet, pour les prix de vaccine, les médecins cantonaux de Villé et de Benfeld (MM. Conraux et Rack), pour l'arrondissement de Sélestat; de Schiltigheim et de Molsheim (MM. Jacobi et Litschgi), pour l'arrondissement de Strasbourg; de Wœrth et de Lauterbourg (MM. Sadoul et Hemmerlé), pour l'arrondissement de Wissembourg; de la Petite-Pierre et de Bouxwiller (MM. Solger et Michel), pour l'arrondissement de Saverne. Le conseil ne vous désigne pas les médecins de Drulingen et de Saar-Union qui se trouvent sur la liste avant celui de Bouxwiller, parce que les premiers n'étant arrivés dans leurs nouveaux cantons que dans le cours de l'année 1839, une partie des vaccinations appartient encore à leurs prédécesseurs.

Le conseil de salubrité a été vivement peiné de la suppression des prix de vaccine pour 1841, prononcée par le conseil-général du département, d'autant plus que ce vote paraît avoir été déterminé par l'opinion émise par un ou plusieurs membres que la répartition ne s'en faisait pas avec impartialité.

S'il est certain que plusieurs des médecins cantonaux n'ont pas besoin de l'appât d'un prix pour se livrer avec zèle à la pratique des vaccinations, que l'apathie de quelques autres résiste à l'influence de ce stimulant, il n'est pas moins démontré, pour les membres du conseil de salubrité, que l'espoir d'obtenir cette distinction bien plus honorifique qu'importante par sa valeur pécuniaire aiguillonnait le zèle d'un certain nombre de ces médecins et excitait parmi eux une émulation qui tournait au profit du département.

Quant au mode de répartition de ces prix, celui qui a

été adopté paraît le mieux atteindre le but. Autrefois on les accordait à ceux des médecins qui vaccinaient le plus , et le gouvernement suit encore ce mode qui effectivement est le meilleur là où il n'existe point de médecins cantonaux. Mais dans notre département il en résultait que ceux qui avaient les plus grands cantons recevaient les prix lors même qu'ils ne vaccinaient que les deux tiers des enfants , tandis que le médecin d'un petit canton, même en vaccinant tous les enfants de sa circonscription, ne pouvait prétendre à une récompense. Le mode adopté par le conseil est plus équitable; il empêche aussi qu'un médecin, pour avoir le prix, ne vaccine que peu durant une année, pour pouvoir augmenter le nombre des vaccinations de l'année d'après.

On prétend que ce sont presque toujours les mêmes qui reçoivent les prix : cela prouve que le zèle se soutient chez eux, et qu'ils sont parvenus à détruire dans leurs cantons l'indifférence et les préjugés du public, ou à se créer une réputation de vaccinateurs qui attire même des personnes des cantons ou des départements environnants. Ce n'est pas la localité, mais l'homme qui a le plus d'influence sur le nombre relatif des vaccinations; encore cette année-ci nous proposons pour le prix un médecin qui est arrivé il y a deux ans dans un canton qui, précédemment, avait toujours figuré parmi les plus arriérés sur le tableau des vaccinations.

Dans le sein du conseil-général on a objecté aux prix de vaccine que des hommes connus et très-méritants parmi les médecins cantonaux étaient oubliés dans ces distributions. Mais quelle est l'institution où l'on accorde des prix à tous les sujets qui font leur devoir? Les prix sont réservés à un petit nombre, et nécessairement on prend parmi les méritants ceux qui le méritent le plus.

Le conseil de salubrité est persuadé que la suppression des prix de vaccine est une mesure fâcheuse.

Il me reste à vous parler, Monsieur le préfet, des revaccinations opérées par les médecins cantonaux, et des cas de variole observés par eux. Malheureusement cette année, comme dans les précédentes, il y a encore eu des rapports adressés aux sous-préfectures et qui ne sont point parvenus au conseil, de sorte que les documents sont incomplets.

Le conseil voit avec satisfaction que d'année en année les revaccinations deviennent plus fréquentes. Elles n'ont aucun inconvénient et peuvent être d'une grande utilité, puisqu'il est prouvé que parmi les vaccinés, un certain nombre d'individus ont au bout de quelque temps repris la disposition à contracter la variole.

Les revaccinations ont été dans les cantons de :

| | |
|---|---:|
| Benfeld de . . . . . . . . . . . | 519 |
| Hochfelden . . . . . . . . . . . | 424 |
| Schiltigheim . . . . . . . . . . | 226 |
| Villé . . . . . . . . . . . . . . | 142 |
| Erstein . . . . . . . . . . . . | 34 |
| Sélestat . . . . . . . . . . . . | 30 |
| Total. . . . . | 1375 |

Il est fâcheux que parmi ces vaccinateurs il n'y en ait que deux qui nous indiquent le résultat de leurs opérations. Le médecin cantonal de Sélestat a obtenu des boutons de vaccine normale sur six des trente revaccinés.

Le médecin de Benfeld nous fournit les renseignements les plus complets ; il donne le nom et l'âge de chaque revacciné et le résultat de l'opération. Un certain nombre de ces revaccinations concerne des enfants de quelques mois à deux ans, chez lesquels la première vaccination n'avait pas réussi. La seconde fut suivie de succès dans presque la moitié des cas. Mais ce qui est bien plus important relativement à la question de l'utilité de cette pratique, c'est le résultat fourni par la revaccination opérée sur des individus déjà vaccinés antérieurement avec succès. M. Rack a revacciné quatre cent soixante-quinze individus âgés de dix à quarante ans. Sur ce nombre on a obtenu des boutons

> De vaccine normale . . . . . 135
> De fausse vaccine. . . . . . . 330
> Point de boutons . . . . . . . 10

Ces résultats ont été inégalement répartis entre les différents âges :

De dix à quinze ans. . . . {
vaccine normale. . . 44
fausse vaccine. . . . 154 } 205
point de boutons. . . 7
}

De quinze à vingt ans . . {
vaccine normale. . . 50
fausse vaccine. . . . 111 } 164
point de boutons. . . 3
}

Au delà de vingt ans. . . {
vaccine normale. . . 41
fausse vaccine. . . . 65 } 106
point de boutons. . . 00
}

De sorte que chez les premiers on a obtenu des boutons de vaccine normale dans à peu près le cinquième des cas ; chez les seconds dans le tiers, et chez les derniers dans dans les deux cinquièmes des cas. Résultat conforme à celui déjà obtenu par d'autres revaccinateurs, et qui tend à prouver que l'aptitude à contracter la vaccine (et probablement la variole), augmente chez les vaccinés à mesure

qu'on s'éloigne davantage de l'époque à laquelle la première vaccination a eu lieu. Ce sujet mérite toute l'attention des médecins cantonaux.

Le médecin de Wœrth a également pratiqué des revaccinations ; mais il en a indiqué le chiffre dans un rapport
au sous-préfet de Wissembourg, et qui ne nous a pas été
remis.

La variole s'est montrée en différents points du département. On en a observé dans les cantons de :

| | | | |
|---|---|---|---|
| Niederbronn . . . . | 109 cas, sur lesquels | 11 décès. | |
| Benfeld . . . . . . . | 69 | — | 3 |
| Truchtersheim . . . | 39 | — | 10 |
| Wasselonne . . . . | 22 | — | 00 |
| Marckolsheim . . . | 13 | — | 1 |
| Hochfelden . . . . . | 9 | — | 2 |
| Obernai. . . . . . . | 8 | — | 3 |
| Strasbourg . . . . . | 7 | — | 1 |
| Erstein . . . . . . . | 3 | — | 0 |
| Marmoutier. . . . . | 1 | — | 0 |
| Total. . . . | 280 | — | 31 |

En outre la variole a régné dans les cantons de Wœrth
et de Haguenau. Le médecin de ce dernier canton men-
tionne simplement le fait sans indiquer le chiffre des ma-
lades et des morts. Pour le canton de Wœrth, les renseignements doivent se trouver dans le rapport adressé au
sous-préfet. Nous aurions désiré également connaître les
détails de l'épidémie de variole qui a régné dans la commune de Rhinau ; mais le rapport fait sur cette épidémie
par le médecin cantonal de Benfeld est resté à Sélestat ;
ce que nous regrettons d'autant plus qu'il aurait été inté-
ressant d'examiner comment la maladie a pu s'étendre à
soixante-neuf individus dans une seule commune d'un canton

qui se trouve toujours à la tête des autres pour le nombre des vaccinations.

Il est fâcheux que tous les médecins cantonaux ne suivent pas l'exemple donné cette année par M. Rittelmeyer de Truchtersheim. Ce médecin a adressé au conseil de salubrité un rapport statistique sur son canton ; on y trouve le nombre des naissances, des décès, des mariages, des vaccinations, des variolés, des individus atteints de fièvre typhoïde ; quelques cas intéressants de médecine légale ; le tout accompagné des réflexions de l'auteur. Nous espérons que ce médecin nouvellement nommé aux fonctions de médecin cantonal continuera à les exercer avec zèle et à informer le conseil des résultats qu'il aura obtenus.

J'ai l'honneur d'être, Monsieur le préfet, votre très-humble serviteur.

*Le secrétaire du conseil de salubrité publique,*
V. Stoeber.

Strasbourg, le 51 octobre 1840.